事实还是假象 **FACT OR FAKE**

在太空中 无法 打嗝吗？

[英]索尼娅·纽兰 著 郭澍 译

太空真相 大揭秘！

湖南科学技术出版社·长沙

图书在版编目（CIP）数据

事实还是假象. 在太空中无法打嗝吗？太空真相大揭秘！/
（英）索尼娅·纽兰著；郭澍译. — 长沙：湖南科学技术出版社，2024. 12.
ISBN 978-7-5710-3041-4

Ⅰ. Z228.2

中国国家版本馆 CIP 数据核字第 2024A761T1 号

Fact or Fake: The Truth about Space
First published in Great Britain in 2022 by Hodder and Stoughton
Copyright © Hodder and Stoughton Limited, 2022
All Rights Reserved.

著作权合同登记号：18-2024-107

事实还是假象：在太空中无法打嗝吗？太空真相大揭秘！
SHISHI HAISHI JIAXIANG: ZAI TAIKONG ZHONG WUFA DAGE MA? TAIKONG ZHENXIANG DA JIEMI!

———————————————————————————————

著　　者：[英]索尼娅·纽兰　　　　译　　者：郭　澍
出 版 人：潘晓山　　　　　　　　　责任编辑：李　叶　谷雨芹　谢俊木子
出版发行：湖南科学技术出版社
社　　址：长沙市芙蓉中路一段 416 号泊富国际金融中心
网　　址：http://www.hnstp.com
印　　刷：湖南省众鑫印务有限公司（印装质量问题请直接与本厂联系）
厂　　址：长沙市榔梨街道梨江大道 20 号
邮　　编：410600
版　　次：2024 年 12 月第 1 版
印　　次：2024 年 12 月第 1 次印刷
开　　本：880 mm×1230 mm　1/32
印　　张：3
字　　数：58 千字
书　　号：ISBN 978-7-5710-3041-4
定　　价：36.00 元

目　录

你能分清
事实和假象吗?

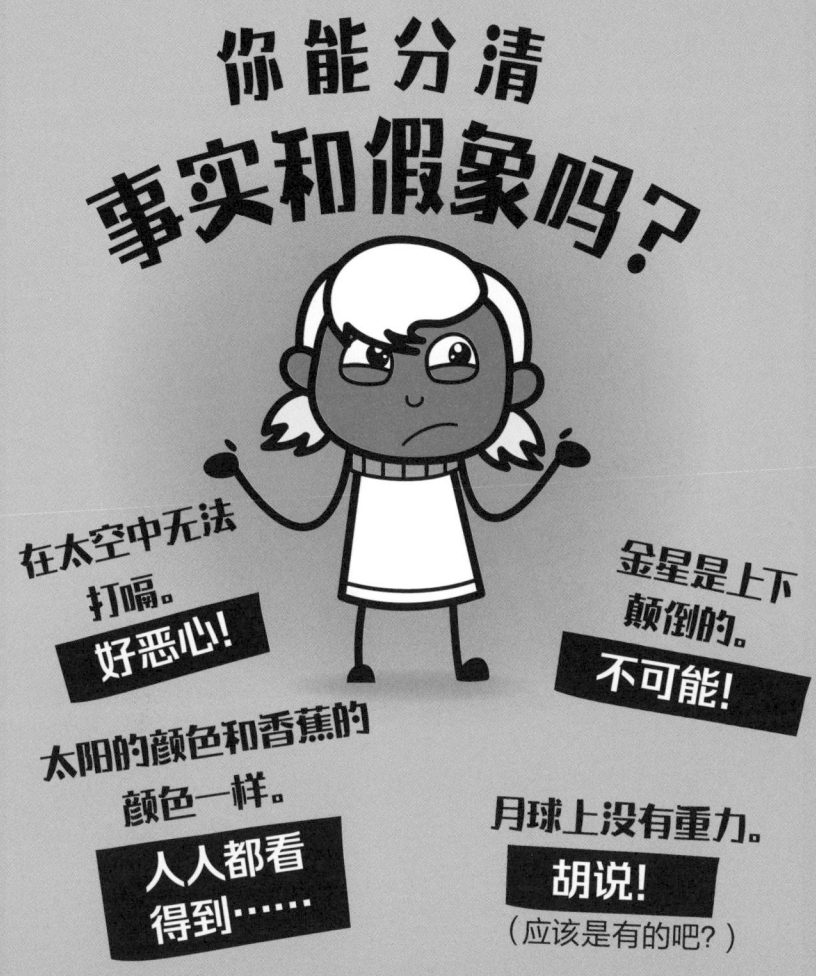

在太空中无法
打嗝。
好恶心!

金星是上下
颠倒的。
不可能!

太阳的颜色和香蕉的
颜色一样。
**人人都看
得到……**

月球上没有重力。
胡说!
（应该是有的吧?）

关于宇宙太空，有哪些是人们以讹传讹的谎言?又有哪些是令人大跌眼镜的真相?翻开本书，一起来寻找答案吧——拨开真真假假的迷雾，探索背后的科学真理。这些时而神奇，时而怪诞，甚至令人惊掉下巴的宇宙太空真相，一定会让你的亲朋好友对你刮目相看!

1

月球的"阴暗面"

是暗的

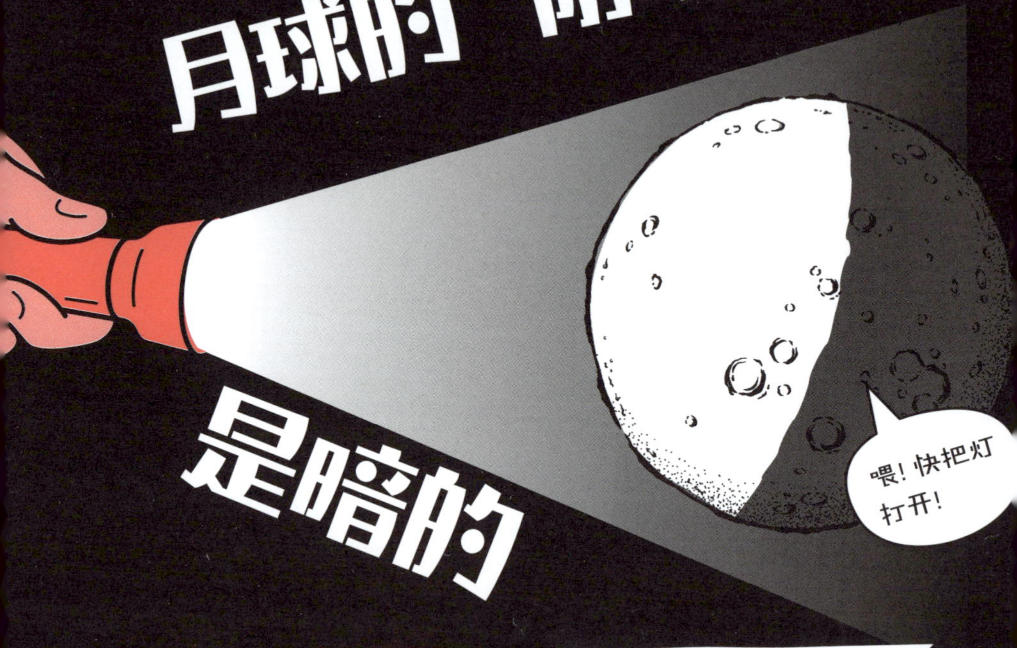

喂!快把灯打开!

是真是假?

人们把月球远离地球的那一面称为"阴暗面"。可实际上,所谓阴暗面,一点都不比月球上的其他地方暗!我们之所以叫远的那一面为阴暗面,是因为站在地球上永远看不到月球的那一面。

科学揭秘

总体而言,月球自转的速度和月球绕地球旋转的速度相同。也就是说,月球自转一周和绕地球旋转一周所用的时间是一样的。因此,月亮总是以固定不变的那一面朝向地球上的我们。

结论

假

2

冥王星不是行星

可我想当行星！

冥王星曾经是太阳系的第九大行星，可是在2006年，专家给它重新归类，将它划分至矮行星。它是太空中一个叫"柯伊伯带"[1]的区域中最大的天体。

---

1 太阳系边缘一个有冰物质运行的带状区域，由美国天文学家柯伊伯发现。——译者注

结论

真

科学揭秘

一个天体要想成为行星，须满足以下条件：

★围绕某个恒星旋转；

★体积要大，大到其自身重力让它变成球形；

★重力要大，大到将其他天体清出自己的运行轨道。

而冥王星只满足前两个条件，不满足第三个。

以神之名命名

许多天体的命名都是来自古希腊神话和古罗马神话中众神的名字。比如冥王星"Pluto"就是古罗马神话中冥王的名字。

3

关于太空和地球的分界究竟在哪里，科学家们意见不一，但普遍的结论是在距离海平面以上100千米的位置。这条被想象出来的分界线被称为"卡门线"。

科学揭秘

这一界线是根据一般飞行器所能飞行的区域划定的。超出地球上空100千米左右的区域，大气稀薄，无法支撑飞行器的飞行。除非它的飞行速度快到足以让它迅速进入轨道，否则将会坠入大气层中空气密度较大的区域。

卡门线

由蓝变黑

从大气层越过卡门线后，由于空气太稀薄，光线无法发散。这就是从蓝天变成黑暗太空的原因。

5

银河系里恒星的个数比行星多几百万

是真是假？

我们夜晚抬头仰望星空，可以看到繁星满天，而行星却寥寥无几，难怪大家会认为在我们的银河系里，恒星的数量要远远超过行星。银河系有1 000亿至4 000亿颗恒星，然而科学家们现在认为，行星的数量可能比恒星还要多数十亿！

科学揭秘

我们的太阳就是一颗恒星，有八个行星围着它转，所以只需简单计算一下，就能看出行星的数量很可能多于恒星。据科学家估计，大多数恒星都有至少一颗行星，甚至可能还存在许多流浪行星——不围绕任何恒星旋转的行星。

结论
假

金星上的一天比一年长

是真是假？

一年是指行星围绕其恒星公转一周所需要的时间。金星自转一周需要243个地球日，即金星上的一天（一个金星日），而金星绕着太阳公转一周则需要225个地球日，即金星上的一年（一个金星年）。

一年究竟有多长？

行星距离太阳越远，行星上的一年就越长。距离太阳最近的水星，一年只需88个地球日；而距离太阳最远的行星海王星，一年却超过60000个地球日。

科学揭秘

金星自转的速度极为缓慢。即使在转速最大的赤道地区，自转速度也只有大约6.5千米/时——地球赤道的自转速度是它的250多倍！而由于金星围绕太阳公转时距离太阳十分近，所以它能迅速围绕太阳转完一圈，于是一年很快就过去了！

结论

真

7

太阳是个巨大的 火球

太阳看上去确实像一个燃烧着的大火球。不过燃烧是一种化学反应——这在星体内部是不会发生的。太阳表面的"燃烧"其实是核反应。科学家们认为,太阳实际上是在发光,而不是在燃烧。

结论
....
假

科学揭秘

太阳是一个巨大的、充满气体的球。太阳中心有一种叫"质子"的粒子,它们相互碰撞并结合在一起,这个过程叫"核聚变"。这些质子在相互碰撞时会释放能量,让周围的粒子升温。温度传导到太阳表面,就产生了一片"熊熊燃烧"的光焰。

8

星星会闪烁

是真是假？

大多数星星，尤其是地平线附近的那些，看起来仿佛在闪烁，忽明忽暗。但这并不是星星本身的特质。星星"眨眼"其实是光线穿透地球大气层时，我们肉眼所看到的光线的样子。

科学揭秘

我们地球的大气层由许多不同的分层组成，各气层的密度也不相同。星星发出的光在穿透这些分层时会发生微微的偏斜。每一次偏斜都会造成颜色和亮度的细微变化，所以在我们的肉眼看来，就好像星星在一闪一闪地眨着眼睛。

天外飞星？

天狼星闪烁不定，以至于人们以为它是不明飞行天体！

结论
假

9

月球上没有风

是真是假？

在地球上，大气层的加热（由太阳光照射引起的）和冷却，使得空气上下流动，于是形成风。而月球上没有空气，也就不会刮风。

科学揭秘

从科学角度而言，月球有一层外逸层，但这只不过是靠近月球表面的一层稀薄的气体。这层气体密度太低，根本不足以形成真正的大气层，即可供呼吸的空气，也就不会有风了。

人造的风

阿波罗11号的宇航员放在月球上的国旗有一个特意设计的旗杆，让旗子看起来像是在迎风招展！

结论

真

10

最亮的星体也是
温度最高的

是真是假？

当我们给某些物体加热时，它会发光发亮。但是最烫的东西也最亮这一理论并不适用于星体。事实上正相反——最暗的星体通常是最热的！

科学揭秘

发光只是辐射的一种。星体温度升高时，除了肉眼可见的发光，还会有更多的能量以其他形式释放出来，所以它看起来没那么亮。亮度还和星体的大小有关。个头小的星体通常是温度最高的，可它们看起来却很暗，因为它们能发光的区域非常小。

结论
假

日食就是太阳从月球面前经过

是真是假？

天体的掩食现象是以被"食"的天体来命名的。例如：日食是指月球遮住太阳光，阻止其照射到地球上；月食是指地球运转到月球和太阳中间，在月球上投下阴影。

科学揭秘

当月球运转到地球和太阳之间时，会在地球上投下阴影。日全食只有在月球阴影的正中心位置才会出现，此时的太阳、月球和地球分布在一条直线上。

结论
假

地球上的日全食

地球上大约每一年半发生一次日全食。

12

在太空中 就算 尖叫 也没人能 听得到

!!!

是真是假？

作为电影里的经典桥段，你可能会觉得这是作品的科学虚构——不过编剧这么写绝对有科学依据！声波需要介质来传播，比如空气，而太空是真空的，所以就连尖叫也是无声的。

科学揭秘

事实上，太空并非完全真空，因为当星体消逝后，会留下少量的气体和星尘。但这些粒子彼此距离太远，因此声波传播的频率实在太低。所以，在太空中是听不到尖叫声的。

结论

真

彗星的尾巴永远朝向
离开太阳的方向

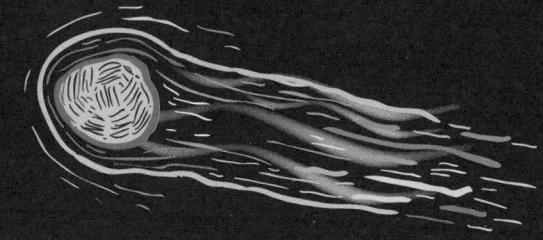

通常彗星总是在固定轨道上绕着太阳旋转。一些旋转轨道是顺时针，还有一些是逆时针。不过，不论它们朝着什么方向旋转，彗星的尾巴永远朝向外侧，即离开太阳的方向。

科学揭秘

彗星由彗核组成，慧核外部包裹着冰冻的气体和尘埃（彗发）等物质。在某些点，彗星离太阳非常近，于是太阳风（太阳中的粒子和能量）就把彗星的气体和尘埃吹出一条"尾巴"（彗尾）。这条尾巴的指向和太阳风吹的方向一致，所以是离开太阳的方向。

结论
真

飞速旋转

和所有围绕太阳旋转的星体一样，彗星也是离太阳越近，绕着太阳旋转的速度就越快。

14

晴朗的夜空中能看到数百万颗星星

在晴朗漆黑的夜里仰望天空，能看到满天繁星，似乎数也数不清。其实，你能看到的星星最多只有2 000至2 500颗——这还是在你视力极其好，而夜空又极其晴朗的前提下。

科学揭秘

银河系有将近4 000亿颗星体，即使在晴朗、没有月色的夜空，也只有一小部分离地球足够近也足够亮的星体能被地球上的我们看到。

结论

假

15

我们无法看到
黑洞

答案就藏在"黑洞"这个名字里——黑洞真的是黑色的！黑洞里一点光线都散发不出来，所以我们根本看不到它，就算用特殊的设备也无法感知到它。

科学揭秘

科学家只能通过黑洞对其周围天体的作用得知黑洞的位置。例如，通过观测一颗运行速度越来越快、温度越来越高的星星上的物质，就能发现这颗星星正在被吸往黑洞的方向。

结论
......
真

土星是唯一具有光环的行星

亮闪闪！

是真是假？

土星的光环固然最出名，但土星不是太阳系唯一有光环的行星。每个充满气体的大星球都有光环——木星、土星、天王星和海王星都有环形系统。

科学揭秘

我们无法确切得知这些环形系统是如何形成的。或许是当行星形成时，一些气体和尘埃的微粒由于距离行星太远而没有被吸到行星上，从而形成了环形；又或许是在遥远的过去，行星的两个卫星相撞分解而成的微粒形成了环形系统。

巨大的光环

土星的光环直径可达40万千米——几乎相当于地球与月球之间的距离！

结论

假

17

人在太空中会加速衰老

> 该死，看来我没机会做宇航员了！

是真是假？

关于时间、空间和重力之间的关系，有大量充满智慧又复杂的学说。一些科学家认为太空里的宇航员比地球上的人老得慢。可是从一个更易于理解的角度来说，太空中艰苦的条件毋庸置疑会加速人体的衰老！

科学揭秘

在太空中待上几个星期后，宇航员就会发现他们的皮肤变得又干又薄。肌肉和骨骼也会变得无力，因为太空中没有重力，肌肉和骨骼得不到锻炼。负责将血液从心脏输送到全身的动脉会硬化。以上这些都是常见于老年人的身体特征。

结论
真

黑洞的形成源于濒临死亡的星体

是真是假？

黑洞有三种不同类型，不过最常见的是恒星质量黑洞。这些中等大小的黑洞是在恒星的"临终"阶段产生的。

科学揭秘

当一颗大质量的恒星燃料耗尽时，重力会导致其核心爆炸。恒星的所有物质都向内坍缩，聚成一个体积很小但质量巨大的物体。这就形成了黑洞的核心。

超新星

恒星的核心在坍缩的同时，恒星的外层被朝着四周吹散——这是超新星的一种形式。

结论

真

我们可以看到太空中 32 000 万亿千米 以外的距离

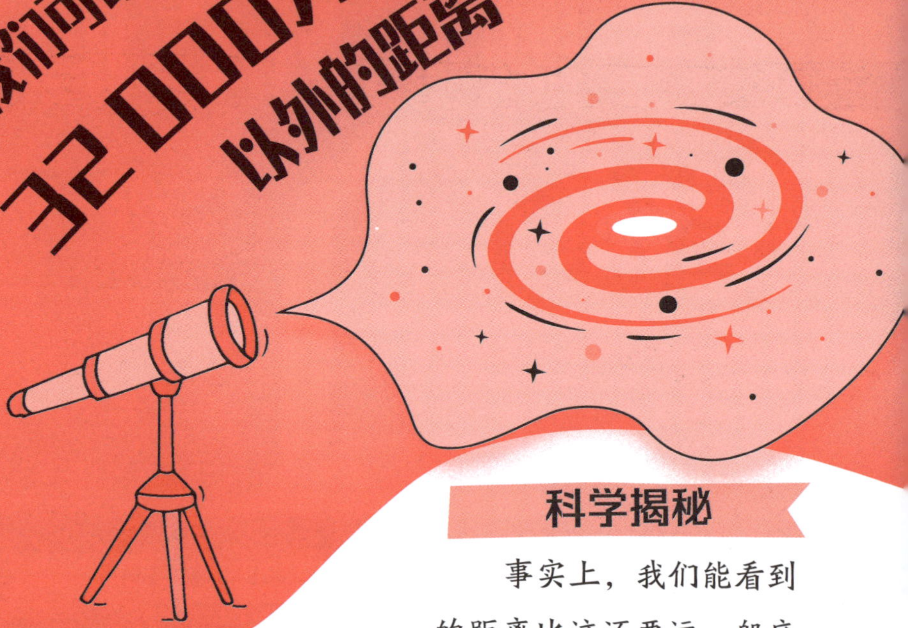

科学揭秘

事实上，我们能看到的距离比这还要远。船底座的暗星海山二在71 000万亿千米以外，我们也能看到。而仙女座星系有时我们也能看见，它和地球的距离更是无比遥远，有2 400万兆（也就是24后面有18个0）千米。

是真是假？

32 000万亿（也就是32后面有15个0）千米是多少，可以说简直超乎想象，对吗？其实，这大约是地球到最亮的星——天鹅座的天津四的距离。在地球的北半球我们用肉眼就可以轻轻松松看到这颗星。

结论

真

国际空间站是天空中最亮的天体

是真是假？

国际空间站当然是很亮的。在地球上看，它比任何一个肉眼能看到的行星都亮，甚至超过了耀眼的金星！它也比所有的恒星都亮，当然，这其中不包括太阳。除了太阳和月球，国际空间站是天空中第三亮的天体。

科学揭秘

国际空间站之所以发亮，并不是由于它本身会发光，而是由于反射了太阳光。它在白天不容易被看到，因为白天天空本身很亮，阳光的反射角度也让它不容易被看清。

快速飞过的星星？

从地球上看，国际空间站像一个闪闪发亮的星星快速飞过。它的行驶速度是27 580千米/时。

结论

假

21

天王星呈蓝色是因为它的表面都是水

是真是假？

天王星是一颗巨大的气态星球——之所以叫气态星球，是因为它里面大多数是气体，只有一小块岩石核心。天王星还很冰冷，不过它之所以看起来是蓝色，并不是因为有水，而是因为它的气体中含有甲烷。

科学揭秘

甲烷本身是无色的，所以不会是蓝色。光线是由多种不同颜色组成的（即所有构成彩虹的颜色）。天王星大气里的甲烷会吸收太阳光里的红光，同时反射蓝光。这样，天王星看起来就是蓝色的了。

结论

假

白洞是黑洞的

对立面

是真是假？

黑洞是太空中一片重力极大的区域，不管是光线还是其他形式的能量，任何物质都无法逃出黑洞。白洞则是太空中的一片超亮的区域，物质从里面不断喷涌而出——与黑洞正好相对。

科学揭秘

迄今为止，科学家只是预测白洞可能存在，并没有证实。但是根据物极必反的原理，万事万物都有对立面，有黑就有白，那么黑洞产生的同时还有一个白洞就能说得过去了。

禁止进入

黑洞会将周围的一切物体都吸进去，所以从外面不可能进入白洞。

结论

真

1969年美国完成了世界首次登月

1969年，世界各地的人们都聚集在电视机前，观看宇航员阿姆斯特朗在月球上迈出他的"一小步"。不过当时那是首次载人登月，在那以前，已经有一架无人航天器成功登月……

科学揭秘

20世纪60年代，美国和苏联在航天领域你追我赶，竞争格外激烈。1966年，苏联的空间探测器"月球9号"在月球表面成功实现软着陆（相对于撞击月球表面的着陆方式而言！），苏联在登月竞赛中获胜。

结论

假

24

哈勃太空望远镜能看到宇宙深处

哈勃太空望远镜 能看到 宇宙深处

是真是假？

哈勃太空望远镜是一个用来记录太空深处画面的太空天文台。它记录了许多意义重大的事件——包括星体的诞生和逝去。哈勃望远镜观测到的最远星系在134亿光年以外。

科学揭秘

哈勃望远镜的长度相当于一辆公交车，重达11吨！它能捕捉到令人叹为观止的宇宙画面，因为它上面装载着两面巨大的镜子，可以吸收和聚集光线。它能像数码相机一样拍下照片，再通过无线电把这些图像传回地球。

结论
真

哈勃的继任者

哈勃望远镜的继任者是詹姆斯·韦伯太空望远镜，它能看到宇宙中不同的区域。

25

太阳系有

200

多个"月球"

是真是假?

　　我们的月亮主宰着夜空，所以我们自然而然地认为它是唯一的"月球"。但其实大多数其他行星都有自己的"月球"——木星和土星各自分别有超过50个卫星！一些小行星甚至也有自己的卫星。所有行星中，只有水星和金星没有卫星。

巨大的月亮

木星的"月球"（卫星）木卫三，体形庞大，比水星这个行星还要大！

科学揭秘

科学家将和月球类似的天体定义为"天然卫星"，也就是太空中围绕行星旋转的天然天体。卫星在重力更大的行星或小行星的吸引力作用下进入公转轨道。

结论……

真

我们能看到的几乎每一个星星都比太阳亮

"绝对星等"是用来衡量恒星亮度的单位。我们把从距离星体32.6光年的地方看到的目视亮度，叫做该星体的绝对星等。数值越小，"星星"越亮。而太阳的绝对星等是4.83，其实偏暗的！

科学揭秘

绝对星等的范围通常在−10到+17之间，织女星的绝对星等是0.5，天狼星的绝对星等是1.4。太阳之所以看起来更亮，是因为它离我们更近。事实上，我们用肉眼看到的绝大多数星星都是恒星，它们在大小和亮度方面都超过了太阳！

最会发光的星星才是最亮的

星星的亮度也可以用"光度"来衡量，即星体表面释放出多少光能。

结论

真

宇航员在太空中不穿航天服会爆炸

是真是假？

尽管电影里的情节很容易让人相信标题所说是真的，但其实在航天器外面不穿航天服也不会爆炸。虽然这仍然会加速人体死亡，但绝不是爆炸那么悲惨！

科学揭秘

不穿航天服的话，人体内的氧气会扩散。这会让人膨胀，变成自身正常体形的大约2倍。不过不用担心，皮肤的弹性将超乎你的想象，它可以包裹住人的血液、内脏和身体其他器官！

结论

假

29

木星的大红斑会

四处游荡

木星的大红斑是一个巨大的椭圆形暴风气团。由于它本质上也是一种天气现象，所以能像地球上的风暴一样来回移动。

木星是气态行星——主要气体为氦气和氢气。大红斑是一个大型气团，沿着木星表面以逆时针方向转动，转一圈大约相当于地球上的6天。

巨大的斑点

大红斑约有15 000千米宽——它的体积如此巨大，大到能把地球装进去！不过它正在变小，也变得更圆了。

. . . .

真

流星是正在死去的星星

是真是假？

流星根本就不是星星。流星其实是陨星，是坠入地球大气层的微小尘埃和岩石。当这些微粒坠落时，它们会燃烧，并产生一道短短的明亮轨迹——这就是我们所谓的"流星"。

科学揭秘

流星可以单独出现，有时也可能成群结队地出现——就是我们所说的"流星雨"。当我们的地球穿过彗星碎片的轨道时，这些碎片便会向地球坠落，同时形成地球上能看见的流星雨。

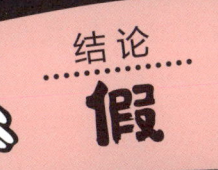

结论
假

太阳系被一个气泡包裹着

是真是假?

在宇宙的深处——越过冥王星和柯伊伯带的遥远地带,是奥尔特星云。这个由冰冻物质组成的巨大"气泡"或"外壳",包裹着太阳、行星以及太阳系中所有其他天体。

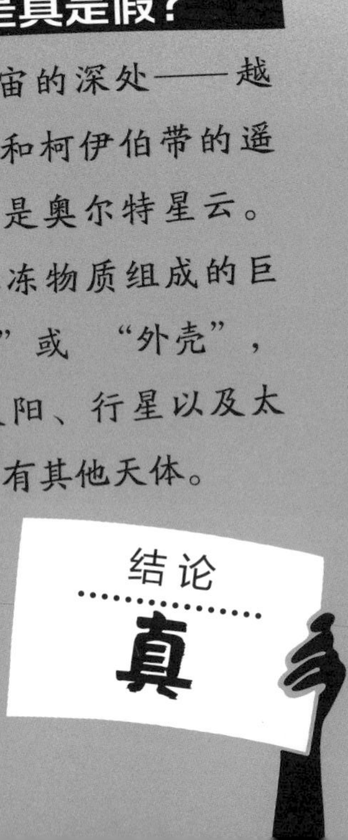

科学揭秘

奥尔特星云的存在只是科学家们的推断。它很有可能是在行星形成后产生的。它的重力缓缓地将"星子"——一种微小的彗星状小行星体——从太阳身边推开。最后,奥尔特星云在遥远的太阳系边缘"定居"。

结论

真

32

海王星上的风速比声速还快

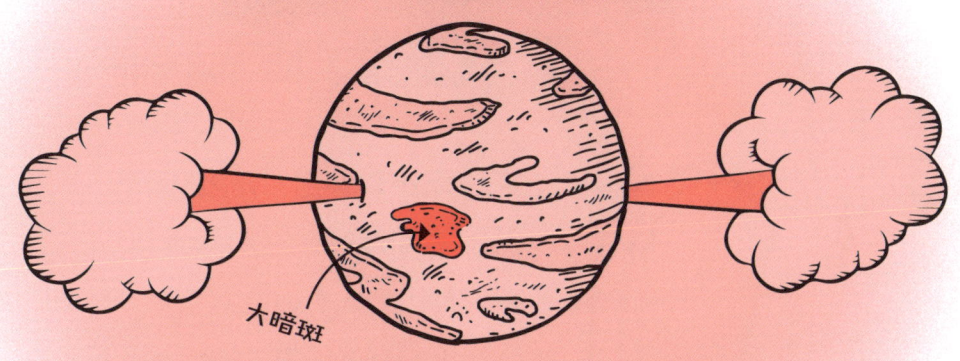

大暗斑

在所有行星中，海王星上的风力最大。在海王星的上空，风速超过1800千米/时。声音的时速为1235千米，由此可见，海王星上的风速比声速大多了！

大暗斑

海王星上有一个巨大的暴风气团叫"大暗斑"，它的风速曾达到1931千米/时！

科学揭秘

在地球上，太阳的能量会引起风。但是海王星上的风是由海王星自身核心的能量产生的。幸亏海王星表面的大气层里有甲烷，其内核产生的热量才不会跑到太空中，而只是变成了大风。

结论

真

太阳的**颜色**和香蕉的颜色一样

是真是假？

如果让你画太阳，你会选择什么颜色？黄色？橙色？不过有时候，太阳初升或落山时，看起来也是红色的。那么太阳到底是什么颜色的？答案是白色！

科学揭秘

白色光是由不同颜色组成的。波长较短的光（绿光、蓝光和紫光）更多地散射在地球的大气层中，而波长较长的光（红光、黄光和橙光）则更多地穿透大气层，所以我们看到的太阳呈现出红、黄、橙这几种颜色。

结论

假

蓝蓝的天空

我们之所以看到天空是蓝色的，是因为太阳光穿透大气层时，蓝色的光由于波长较短，比其他颜色的光更多地散射在大气层中。

有法律规定太空中禁止乱扔垃圾

是真是假？

太空属于我们每一个人。这当然很好——可是这也让制定适用太空的法律变得更加艰难。太空垃圾就是其中的一大难题。联合国和平利用外层空间委员会制定了一系列法律法规，禁止在太空中乱扔垃圾，并规定这些垃圾必须要带回地球。

科学揭秘

老旧卫星、火箭零部件、油漆碎片这些垃圾在太空中都是非常危险的。哪怕极其细小的碎片，一旦进入运行中的航天器，都会对它们造成极大的毁坏，甚至会导致航天器上的宇航员失去生命。

结论

真

35

月球的重力是潮汐产生的唯一原因

是真是假？

我们都学过，潮汐是由于月球的重力对地球产生了"引力"而引起的。这是真的——不过月球的重力不是唯一的因素。地球的重力也起到了很重要的作用。甚至太阳的重力也"难逃干系"！

结论
假

科学揭秘

月球的重力比太阳的重力影响更大，这是因为月球离地球更近。它对地球上的海水产生了引力，让海水向着月球的方向突起，形成第一次涨潮。另一次涨潮是当地球被引力拖离海面时，海水朝着相反的方向突起。由此便产生了一天中的两次涨潮。

排成直线形成大潮

有时候，太阳、月亮和地球会处在一条直线上。这时的潮汐就会高于或低于平时的水平，形成大潮。

水星没有大气层

大多数行星都有某种大气层——一层包裹着行星的气体。每个行星大气层的气体类型和多少都不相同。水星是唯一一个几乎检测不到气体的行星。

科学揭秘

水星太小了，所以没有足够的重力来固定大气层。只有少量的某种气体从表面缓缓逸出，形成一层薄薄的气层。但就连这薄薄的一层，也会不断地被吹向太空！

生命之源——氧气

地球上的生命进化多亏了我们地球的大气层中有氧气。几乎所有的生物都要靠呼吸氧气活着。

结论
真

矮行星就是小号的行星

个头不代表一切!

是真是假?

星如其名,矮行星就是小个头的行星——虽然它们实际上并不小!哪怕最小的矮行星健神星,直径也有430千米。而最大的两个矮行星,冥王星和阋神星,直径都超过2 300千米!

科学揭秘

行星的分类依据是它们的体积大小。体积大到有足够重力将其自身运转轨道上的所有天体都清扫干净的才是行星。矮行星个头不够大——于是也就没有那么大的重力来做到这一点。

晋级为行星

直到2019年,健神星还一直被归类为小行星,不过,自从天文学家判定它是由于重力作用才变成球形后,它就晋级为矮行星。

结论

真

宇宙中的**星体**比地球上的**沙粒还要多**

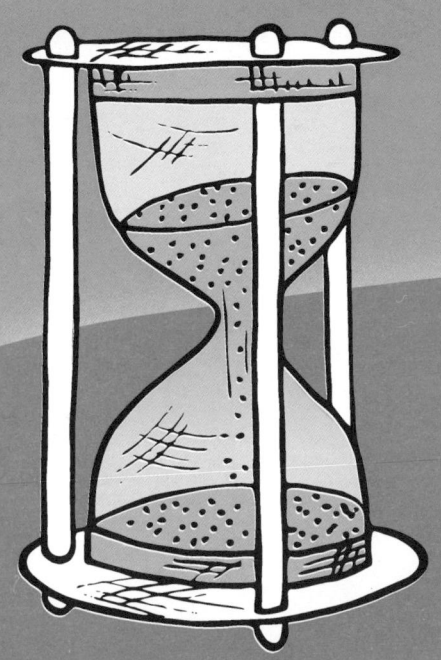

你之所以相信这个结论是真的，也许是因为夜空中的满天繁星密密麻麻。但这只是恰好被人们说中了而已。宇宙之大超乎我们的想象——它大到可以容纳数万亿颗星体，每颗星体之间相隔数万亿千米。

科学揭秘

据科学家预估，宇宙中星体的数量在10×10^{21}颗至200×10^{21}颗之间。当然，没有人知道地球上有多少粒沙子，不过数学家估算，至多不超过10×10^{21}粒！

结论
真

太阳是红巨星

终有一天，太阳会被归类为一个"红巨星"——一个巨大的低质量恒星，即将走到生命的尽头。不过目前，它还是一个黄矮星。

科学揭秘

黄矮星相对较小。太阳大约在45亿年前形成，目前生命周期大约处于中年阶段。在生命结束前，太阳会变大变冷，成为一个红巨星。

世界末日

当太阳变成红巨星时，它会吞掉周围的行星，地球将会迅速毁灭。不过别担心，这样的事要发生也是50亿年之后了！

结论

假

超新星是宇宙中最亮的物质

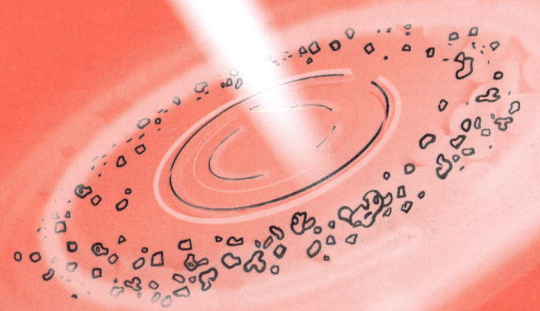

是真是假？

以绝对星等来衡量天体的亮度，星等数值越低，亮度越大。超新星的绝对星等是−19，这个亮度真是能把人眼睛闪瞎。不过，和类星体比起来，超新星就是小菜一碟了，最亮的类星体（人们给它取名为3C 273）的绝对星等是−26.7，比超新星亮多了！

科学揭秘

类星体是位于一个遥远星系的核，靠近一个超大质量黑洞。类星体能产生大量辐射，亮度可以达到正常星系的1 000倍。

结论
假

41

天体几乎从来不会落到地球上

导致恐龙灭绝那样的小行星大规模撞击地球事件属于偶发事件——大约每5 000万至1亿年才会发生一次。不过小的流星体倒是经常冲到地球上——这样的事每天大约发生15次。

科学揭秘

坠落到地球的流星体，大约有95%还没落地就在大气中燃尽了。成功落地的流星体叫陨石。幸亏它们通常都是落入海里或荒无人烟的地方，所以不会造成太大的破坏。

幸运躲过撞击

陨石落到无人居住区域的概率是多大？比你想象的要大！人类只占了地球表面不到1%的地方。

结论

假

人们曾认为
火星上有运河

是真是假？

1877年，意大利天文学家乔万尼·夏帕雷利注意到火星表面有一些又长又直的线形物。有人认为这是火星上的有智生命开凿的运河或水渠，用来将极地的冰水引到别的地方！

这些人看到的这些运河或水渠其实根本不存在。它们其实只是火星表面的一些坑和其他天然的特征引起的人类联想而已，之所以会联想成沟渠，是因为这些坑从观测者的角度看，恰好呈直线形。

结论

真

43

在木星上，一年可以过 **12** 次生日

是真是假？

很不幸，生活在木星上并不意味着可以长长久久地过生日。事实恰恰相反，其实在木星上，12年才能过一次生日。或者，更严格地说，是11.86年。

科学揭秘

行星离太阳越远，绕太阳转完一圈所需的时间就越长。木星围绕太阳转完一圈需要将近12个地球年，也就是4 333天。

海王星的一年

没有住在海王星上，你就偷着乐吧！海王星上的一年，等于地球上的165年！

结论

假

黑洞被事件视界包裹着

是真是假?

　　我们虽然看不到黑洞，但我们知道它们是存在的。事件视界——标志着黑洞最外层的边界，我们也是看不见的。不过这就是黑洞的边缘，什么都别想冲破这道界限!

科学揭秘

　　在事件视界之外，科学家尚可看到（或至少探测到）天体。可是就连光都穿不透黑洞，因此从黑洞外面根本看不到黑洞里面是什么。

结论······
真

45

月亮有
8副脸孔

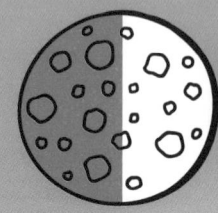

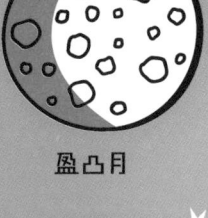
上弦月

盈凸月

是真是假?

　　每天晚上我们看到的月亮都不一样。从一弯细细的新月，逐渐变大，直至变作一轮明亮的满月。然后又慢慢变小，成为一弯银钩。天文学家将这些变化的形状称为月亮的8种"月相"。

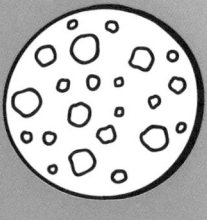
满月

亏凸月

结论
真

46

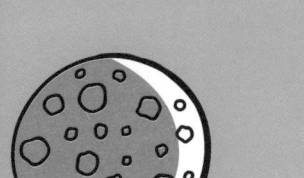

蛾眉月

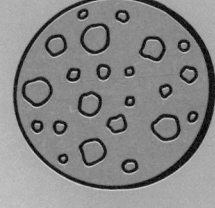

新月

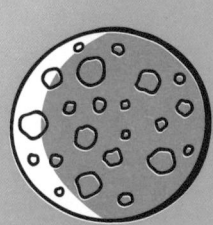

残月

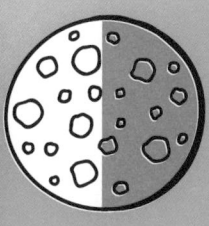

下弦月

科学揭秘

月球的形状其实并没有改变——是我们的视野在变。阳光总是照射着月球固定的那一面（参见第2页）。当月球绕着地球旋转时，我们看到月球不同程度残缺的"脸"。当被太阳照亮的那半边月球正对着我们的时候，我们看到的就是满月。

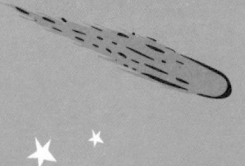

盈与亏

月亮变得越来越圆的过程叫"盈"，而变得越来越瘦的过程叫"亏"。

人在太空中 体重为零

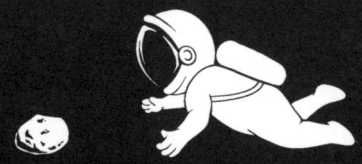

是真是假?

在太空中时,人会有失重感,但并不是身体完全没有重量。重量是衡量作用于物体引力的量。在地球上时,人能感受到体重,是因为地球的重力对人施加一个向下的引力,同时地面对人施加一个向上的托力。

科学揭秘

在太空中绕着地球旋转时,人的质量其实没变,地球的重力也依然存在(只不过变得较弱),因此人的体重依然存在。之所以感到失重,是因为没有了地面的托力,此时人基本上处于自由落体的状态!

结论
假

减肥妙招

如果带着体重秤到月球上去,称体重时你会发现体重"减掉"了84%!

48

狗狗莱卡

是第一只进入太空的动物

俄罗斯流浪狗莱卡也许是进入太空的最著名的动物，不过它不是首例。在它之前，已经有苍蝇、猴子、老鼠，甚至其他狗被送上太空。

科学揭秘

第一批进入太空的动物是1947年的一批果蝇。这些小家伙活着回来了，但之后上太空的动物就没这么幸运了。莱卡之所以出名，是因为它是第一只实现绕地球轨道旋转的动物，那是在1957年。两年后，两只分别叫阿伯尔和贝克的猴子成为继果蝇之后第二批在太空旅行后活下来的动物。

结论
假

在小行星带，相互撞击是家常便饭

看着点路，你这傻子！

天哪！

科学揭秘

行星带的大多数星体之间都相隔数百万千米，所以碰撞很少发生。平均直径1千米的小行星大概每10亿年才有可能撞上别的行星！航天器在行星带可以比较自如地穿行，不会有什么危险。

是真是假？

电影里，行星带通常都被表现成一堆星球巨石坠落的混乱场面，每个星球之间都挨得很近，非常危险——那里的任何航天器都要在一片混乱中小心翼翼地前行。而事实上，行星带是一片孤寂的真空地带，毫无波澜。

结论

假

光年就是光在1年时间里穿过的距离

追不上我！

科学家用光年——光在1个地球年的时间里在真空中穿过的距离——来计量空间中的距离。光每秒钟传播30万千米，所以1光年约等于9.7万亿千米。

星际旅行时长

地球到太阳：8光分
地球到太阳系的边缘：1.9光年
地球到最近的恒星比邻星：4.3光年

科学揭秘

光速固然很快，可太空中的天体离地球太远了，它们反射的光线需要很长时间才能到达地球被我们看见。当我们看到天上有一颗星星时，我们看到的实际上是这颗星星过去的样子。

结论

真

51

所有的恒星消亡时都会变成超新星

砰！

科学揭秘

巨大的恒星在燃料耗尽时，它们的核心会坍塌，所有的外层物质会在爆炸中变成超新星。然而，对于普通的恒星来说，一旦燃料耗尽，其质量会在数百万年的时间里慢慢变小，最后，除了包裹在一团气体里的炽热内核，什么都不会留下。

是真是假？

超新星的产生是宇宙中会发生的一件充满戏剧性的事情。但并不是所有恒星的消亡都如此壮观。许多恒星消亡时只是默默冷却下来，变成白矮星。

最小的恒星

最小的恒星是红矮星。一些红矮星直径只有12万千米——和行星中的土星差不多大小。

结论

假

52

在太空中，宇航员的腿会变瘦，脸却会变胖

太空的环境对人体来说是十分艰苦的。宇航员到了太空中，会遇到一些奇怪的现象，其中有一点就是，用不了几分钟，他们的腿就会变瘦。与此同时，他们的脸却会变胖！

科学揭秘

在地球上时，心脏和血管会奋力对抗重力，不让液体集中在我们的腿部。到了太空中，由于失重，这一过程会发生令人吃惊的变化，人体内的液体将从下半身转移到上半身，引发宇航员戏称的那种"胀脸鸟腿"的现象！

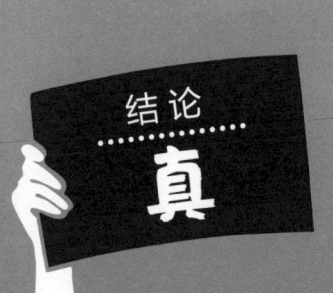

结论

真

53

是真是假？

实际上，没有人知道宇宙会以何种方式消失。宇宙的起源是大爆炸，所以它消失时是"大坍缩"，这看起来似乎也很合乎逻辑。但也有一些其他的不同声音，这其中就包括一场缓慢而痛苦的"大冻结"！

科学揭秘

科学家能看到银河正渐渐离我们远去，所以我们才知道宇宙在慢慢扩张。如果宇宙中有足够多的物质，宇宙万物之间的重力产生的引力会开始让宇宙的扩张速度慢下来。天体之间会频繁相撞。宇宙的温度会越来越高，直到整个宇宙缩成一团，变成一个小小的点——这就是"大坍缩"！

结论

真

（也可能是假！）

在国际空间站,
每隔90分钟就有一次日出

5分钟后吃早饭。

我刚睡下,长官!

是真是假?

国际空间站的移动速度是27 580千米/时,也就是说,90分钟就能绕地球一圈。所以空间站上的宇航员24小时内可以看到16次日出和16次日落!

月球一日游?

国际空间站一天行驶的距离大致相当于从地球到月球往返一次的距离。

科学揭秘

国际空间站的轨道在地球上方大约400千米的地方。你也许会想,宇航员每1个半小时就看到相同的景象,一定会看腻,可是因为地球也在自转,所以国际空间站每绕地球一圈,都会经过地球上不同的地方。

结论

真

要花上数百万年才能

到达银河系的中心

是真是假？

旅行者1号探测器每秒钟行驶17.3千米。即便是这样快速的探测器，也要花大约4.5亿年才能到达银河系的中心——银河。

科学揭秘

银河是一个旋涡状的星系，直径约为10万光年。地球位于其中的一条"旋臂"——猎户臂上，距离银河系中心大约2.6万光年。

结论

真

一些行星有两个太阳

以往只在科幻片里才能看到两个太阳的景象，今天的科学家已经知道，一些行星真的有两个"太阳"。这种现象称为"双星系统"，在银河里非常普遍。并不是所有的双星都有自己的行星——但有一些确实有！

结论
....
真

科学揭秘

双星系统是两颗恒星在重力作用下连接起来而形成的。两颗星围绕彼此旋转。如果双星系统中有一颗行星，这颗行星可能会只围绕其中一颗星旋转（S形轨道）或围绕两颗星一起旋转（P形轨道）。

有两个太阳的塔图因

绕着双星系统旋转的行星有时被称为"塔图因"，名字来源于《星球大战》系列电影中卢克·天行者的母星。

58

移动电话通过卫星实现通话

是真是假？

确实有专用的电话是通过卫星来通信的，不过我们日常使用的手机更多地是用地面技术来接打电话！

科学揭秘

我们用手机打电话时，手机会发出无线电波。有天线的无线电信号塔会捕捉到这些电波。这通电话再通过电缆、地面无线电和微波线路传输出去。不过，假如你的手机装有定位软件的话，也可以使用卫星通信！

结论

假

火星上有一座比
珠穆朗玛峰
还高的山

是真是假？

火星上的高山奥林匹斯山其实是一座火山，也是太阳系最大的火山。地球上最高的山峰珠穆朗玛峰高约9千米，而奥林匹斯山的高度大约是珠穆朗玛峰的3倍，有27千米！

科学揭秘

奥林匹斯山为何如此巨大？科学家认为，这是因为火星上重力很大。这样，火山喷发时熔岩就能持续积累，经过数十亿年的冷却，最后形成高山。

同样的山

地球上最大的火山是位于美国夏威夷的莫纳克亚火山，它的体积约为奥林匹斯山的百分之一！

结论
真

月球上没有 重力

是真是假？

我们都看到过这样的画面——宇航员在月球上蹦来蹦去，仿佛没有宇航服他们就会飞起来。尽管表面上看起来似乎没有重力，但宇航员在月球上确实能感受到一些重力，不过这个重力大约只有地球上的六分之一。

科学揭秘

宇宙中每个大型天体都有重力，月球也不例外。正是地球和月球的重力之间的引力作用，才让月球围着地球旋转。

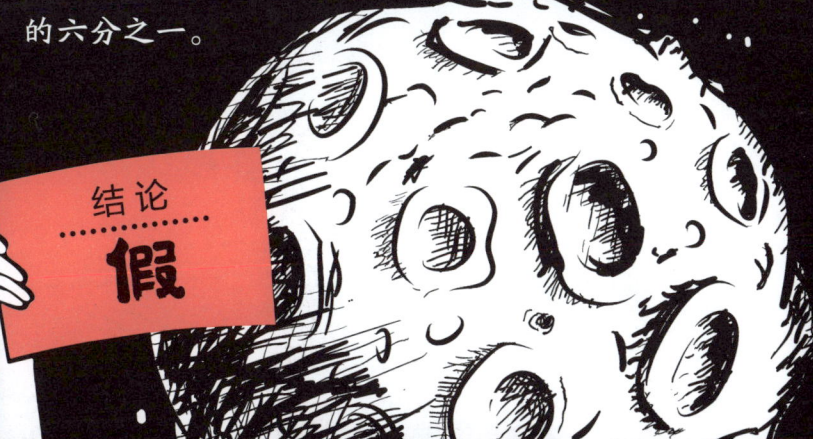

结论

假

61

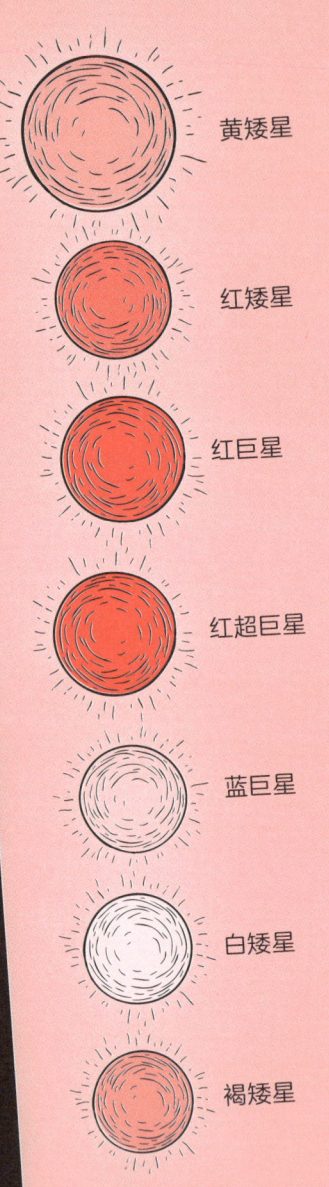

黄矮星

红矮星

红巨星

红超巨星

蓝巨星

白矮星

褐矮星

红色的恒星最热，蓝色的恒星最冷

是真是假？

恒星根据温度的不同呈现出不同的颜色，不过，我们地球上蓝色表示冷，红色表示热，恒星的颜色和温度关联则正好相反。红矮星温度相对较低，而温度最高的是蓝超巨星。

科学揭秘

恒星的温度越高，其光线的波长就越短。短光波看起来呈蓝色，而长光波呈现出红色。当然，中间还有其他波长，因此恒星的颜色也就五彩斑斓（参见第34页）。

热得发烫的恒星

海山二是一颗有名的蓝超巨星，其表面温度接近4万摄氏度！

结论
假

在太空中无法打嗝

你当然可以尝试在太空的失重状态下打嗝——不过可能会有点恶心!据一些宇航员描述,太空上打的嗝是一种"湿嗝"。其实,在没有重力的状态下打嗝,基本上相当于胃里的东西翻涌上来到了嘴里!

科学揭秘

由于太空中没有重力,胃里的气体不能和其他固态和液态的食物残渣分开。相反,各种食物残渣凝成一块一块的,在胃里四处悬浮着。于是,当你打嗝时,排出来的是液体混合着少量固体残渣。耳熟吗?没错,就是呕吐物!

结论

真

63

有的行星可能是由钻石组成的

是真是假？

科学家在银河系的一颗星星附近发现一颗"超级地球"，这简直太令人振奋了。这颗行星叫"巨蟹座55e"，其表面看上去似乎覆盖满了一种叫"石墨"的矿物质——那可是数不清的钻石啊！

科学揭秘

钻石的主要化学成分是碳元素。碳是天然形成的，但太阳系没有一颗星球拥有大量的碳——就连我们地球上也不多。科学家目前还不能确定巨蟹座55e上钻石的性质，但它仍然是一颗迷人的星球！

结论
真

超级地球

"超级地球"这个名字的命名依据的是行星的大小。"超级地球"比我们的地球大，但体积和质量都比海王星和天王星等"冰巨星"小。

水星是温度最高的行星

是真是假？

水星是距离太阳最近的行星，表面温度有430摄氏度，但不可思议的是，它却不是太阳系最热的。最热的行星是金星，它的表面温度达到了470摄氏度，简直是个高温烤箱！

科学揭秘

水星气体非常稀薄，所以并不能从太阳吸收很多热量。金星到太阳的距离是水星到太阳的两倍，可金星气体浓度较高，因此其表面可以存储很多热量。

失控温室效应

金星吸收的太阳能远远超过其散热能力，就像地球上温室效应的超级加强版，因此科学家称之为"失控温室效应"。

结论

假

"阴阳结界"是 真实存在的

"阴阳结界"更常见的叫法应该是"昏晓分界"——听上去也很富有科幻色彩！这是划分行星上白天和夜晚的界线。

科学揭秘

我们在地球上看到的昏晓分界是黎明和黄昏。在太空里，昏晓分界是一道拥抱着地球的光弧。它看起来朦朦胧胧的，因为阳光穿过地球的大气层时发生了折射，弯曲了大约60千米。

白天比黑夜多

太阳光线的折射意味着白天和黑夜不是对半等分了。地球上的白天总是比黑夜多一点点。

结论
真

66

美国国家航空航天局发明了太空笔，而苏联仍然使用铅笔

美国国家航空航天局
（嘘——！机密）

是真是假？

这完全是谣言——但却流传甚广！美国国家航空航天局打算研制一款可以在太空中使用的笔，不过很快就放弃了。后来一家私人企业研发出了费希尔太空笔，美国国家航空航天局随后便投入使用了这种笔。后来苏联也开始使用这款笔！

科学揭秘

美国和苏联一开始在太空中用的都是铅笔，不过这可不是一个好办法。铅笔用木头制成，因此有一定的火灾隐患！而且，铅笔的笔尖如果断掉，可能会飘浮到航天器的设备中，造成严重后果。

结论
假

太空探测器可以驶离太阳系

是真是假？

许多太空探测活动都在太阳系里进行。不过"旅行者"号太空探测器已经超出了太阳系的范畴。它们如今在距离地球数十亿千米的星际空间活动。

在那遥远的远方

旅行者1号是距离地球最远的人造天体，距离地球220多亿千米。如果它一直航行下去，大约300年后，将会到达奥尔特星云。

科学揭秘

旅行者1号和2号都发射于1977年。它们的任务是探测木星、土星、天王星和海王星等外行星。1989年完成这一任务后，两个探测器继续着它们的旅行。旅行者1号于2012年离开太阳系，旅行者2号于2018年离开了太阳系。

结论......

真

在太空中能看到中国的长城

是真是假？

中国的万里长城有两万多千米。这是一个令人难以置信的规模——也是古代人类智慧的结晶！不过这也不足以让它能够从太空上被看到，这一点已经得到国际空间站宇航员的证实。

科学揭秘

即使在近地球的轨道上，也几乎不可能看到长城。虽然长城很长，但它也很细，因此无法被看清。再加上其棕色的城墙以及顺着地形而建的走势，都让它在地球上有很好的隐蔽性。

结论
假

所有的彗星都有尾巴

我们在夜里看到的流星，总是拖着一条长长的尾巴。不过，在大部分旅程中，它们只是一个由冰块与石块混合而成的粗糙球体，并没有什么尾巴。

两条尾巴

彗星其实有两条尾巴。当彗星热量增加时，产生一条由尘埃和石块组成的"尘埃尾"。除此之外，太阳风还会给它吹出一条"离子尾"。

科学揭秘

彗星只有在靠近像太阳这样的恒星时才会有尾巴。太阳风将彗星上的气体和尘埃吹离彗星，这样就形成了一条长长的尾巴，长度可以达到1.5亿千米！

结论……

假

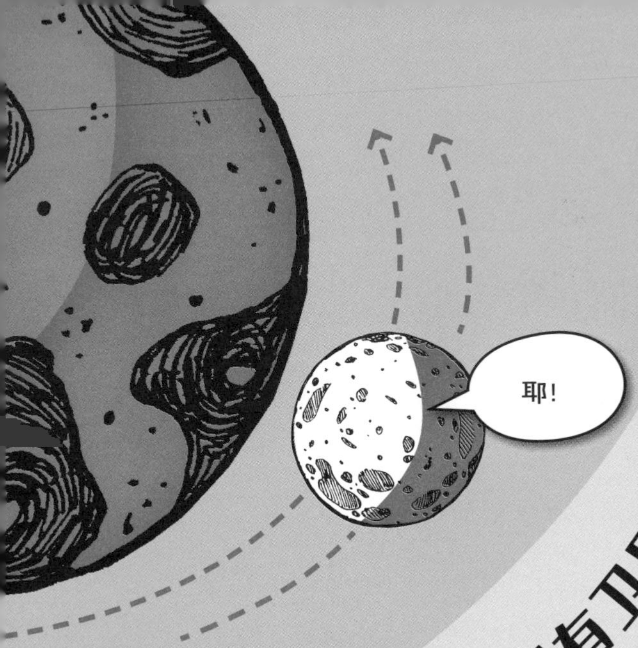

耶!

所有卫星的旋转方向都和它们的母行星一致

大多数卫星都和其母行星运行方向一致。不过在我们的太阳系中,有一颗大卫星却是个例外:海王星最大的卫星——海卫一,就和海王星的运行方向相反!科学家称这种现象为"逆行轨道"。

结论

假

科学揭秘

一些距离其母行星很远的小卫星也会有逆行轨道,不过海卫一非常大——直径可达2 700千米——而且离其母行星海王星很近。我们不知道它为什么会这样倒着转。这颗卫星有可能是位于柯伊伯带的一个天体,只是不小心被海王星的重力给吸住了!

冰冷的海卫一

海卫一是太阳系最冷的天体,其表面温度为零下235摄氏度。

磁陀星是一种磁星

虽然听起来像是虚构的天体，可磁陀星却是真实存在的——而且它真的是"星如其名"！这些能量惊人的中子星拥有强大的磁场，比地球的磁场强1 000万亿倍。

结论

真

科学揭秘

中子星是星体坍缩后的核心。它们体积很小，密度却非常大，完全由一种叫"中子"的微粒构成。究竟是什么让一些中子星变成了磁陀星，我们还不知道，而且迄今为止只发现了大约30颗磁陀星。它们对天文学家而言是一个激动人心的研究领域！

月球是太阳系反射性最强的天体

还是能照到!

是真是假?

月亮本身是不会发光的。它看起来会发光，是因为它反射了太阳的光。不过，虽然我们看到的月亮皎洁明亮，但其实它只反射了太阳照到它身上的12%的光线。土星的卫星——土卫二，可以反射太阳照射过来的90%的光线。

科学揭秘

土卫二之所以能反射如此多的光线，是因为它的表面是纯白色的冰层。月球吸收的太阳光更多。它甚至会把吸来的这些太阳光散发一部分到地球上!

又一个太阳

如果月球能反射像土卫二那么多的太阳光的话，那么满月时，天空中就会好似又多了一个太阳!

结论

假

74

太空中，液体总是呈 圆球状

是真是假？

在地球上，由于重力的作用，液体一般和盛着它的容器一个形状——不管是一片大海还是一个水杯！在太空中，一切事物都是自由落体，液体就会聚集成为圆球状。

科学揭秘

由于没有将液体向下吸引的重力，液体就会聚合在一起。液体的表面张力会制造出一种表面积最小的形状——球体。每个液体分子和其周围分子之间的相互作用力都是相等的。

结论

真

75

太空是完全
真空状态

是真是假?

天文学家将太阳风无法到达的地方称为"星际空间"。这是超出太阳系的地带。我们以为这是一片广袤无垠的孤寂真空，但其实它并非完全空无一物。

科学揭秘

宇宙大爆炸时产生的氢气和氦气仍然在星际空间飘荡。这里还有超新星爆炸时喷出的其他气体和一些尘埃。尽管如此，星际空间仍然是一个近乎完全真空的地带！

结论

假

木星质量比其他所有行星加起来都要大

我是太阳系当之无愧的体重冠军!

是真是假?

木星是一颗"重量级"的行星——真的非常重。它的质量超过了其他所有行星质量的总和。就算把太阳系所有小行星、彗星和卫星的质量全部加起来,也不够木星质量的一半!

科学揭秘

木星是太阳系最大的行星,所以你可能会觉得它虽然重一些,但不会重太多。其实,它的体积是地球的11倍,质量却是地球的300多倍!

结论

真

质量测量

天文学家以"木星质量"为度量单位,来描述太空天体的质量。

任何生物

在太空中都

活不过

几分钟

是真是假?

没有保护机制的话,人类(以及其他所有动物)在太空中待15秒就会晕倒,待90秒就会死去。不过,一些生物展现出了惊人的太空生存能力——那就是浮游生物!

浮游生物是生长在地球表面海洋里的微小生物。但国际空间站上的科学家发现一些浮游生物愉快地生活在空间站外面!它们很有可能是被地球上的气流卷入太空的。

火星生命?

一些科学家认为,地球上的生命可能起源于火星上的原始生物,它们是被火星上的岩石带到地球上来的。

结论
假

行星状星云其实和行星

没有半点关系

虽然名字叫"行星状星云"，但其实行星状星云和行星并没有关系！行星状星云其实是由气体和碎片组成的气团。它们之所以得名"行星状星云"，是因为这些模糊不清的气团用早期的望远镜看起来有点像行星。

科学揭秘

行星状星云是在像太阳这样的低密度恒星消亡时产生的。恒星消亡时，其外部会产生一层像壳一样的气体。这些发着微弱光线的恒星碎片会坚持数千年，然后消散在茫茫太空中。

结论

真

79

银河中心有一个黑洞

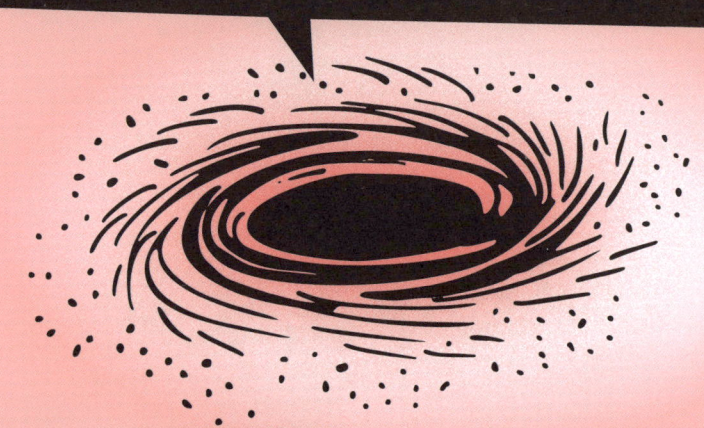

是真是假？

确实有一个黑洞，不过这可不是随随便便一个什么黑洞——而是一个超大质量黑洞。多数大星系的中心都有黑洞，银河系也不例外。这片区域被称为"人马座A"。

科学揭秘

正如其名字所示，超大质量黑洞是所有黑洞中最大的。人马座A直径可达4 500万千米，质量大约是太阳的400万倍。

双重麻烦？

最近，科学家提出，银河系中心可能还存在一个黑洞。

结论
真

宇宙中水不是很多

地球表面大约70%都是水。

是真是假？

我们通常认为水在地球以外的地方是很罕见的。毕竟如果水存在于别的地方，那其他星球上岂不是也会有生命？但是，宇宙中确实到处都是水——事实上，水是宇宙中最常见的化合物。

科学揭秘

水是由氢气和氧气构成的，这两种元素是宇宙中最常见的元素。所以，科学家在许多不同的地方都发现了水的迹象也就不足为奇了——彗星、小行星中，行星的大气层中以及恒星之间巨大的云团中都有水。

结论
假

81

木星不绕着太阳转

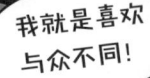

我就是喜欢与众不同！

科学揭秘

这两个旋转的天体都绕着它们共同的重力中心旋转。当一个小型天体绕着较大的天体旋转时，重力中心靠近较大那个天体的中心位置。较大的天体看起来一动不动，而较小的那个则围着它旋转。木星的质量非常大，所以它和太阳的重力中心其实在太阳之外！

是真是假？

所有的行星都绕着太阳旋转，不是吗？严格来说，木星就不是。木星和太阳其实都绕着太空中的某个点旋转，这个点就是两个星球之间的重力（或质量）中心。

结论

真

质心

两个天体之间的质量中心，就是这两个天体都围绕其旋转的那个点，被称为"质心"。

82

金星是上下颠倒的

是真是假？

从行星的北极上方俯瞰，大多数行星都是逆时针自转的。不过金星是个例外。这个从太阳向外数的第二颗行星是顺时针自转的，也就是说，它实际上是上下颠倒的。

太阳打西边出来了？

因为金星是倒着转的，所以在金星上，太阳从西边升起，东边落下！

科学揭秘

我们还不知道金星上下颠倒的原因。它在过去的某个时刻很可能和太空中的另一个天体发生过碰撞。或者可能是太阳的引力在金星表面的大气上掀起了"轩然大波"，使得它发生了翻转！

结论

真

83

月球和地球 是 同时形成的

是真是假？

长久以来，科学家对月球是如何形成的都无法达成统一意见。它是在地球诞生时，由自转的物质形成的吗？还是它在别处就已经形成，只是路过地球时被地球的重力吸引了？还是地球自转速度太快，甩下来一块碎片形成的？

科学揭秘

今天，大多数科学家都认同"大碰撞说"是最有可能的月球诞生由来。月球的形成，极有可能是已经成形的地球和另一个约火星大小的星体发生了碰撞，碰撞产生的碎片聚集起来，渐渐形成了月球。

结论

假

天王星是一颗"躺倒"的星

是真是假？

和金星一样，天王星也是倒着转的（顺时针，自东向西）。更不同寻常的是，天王星还是"躺着"转的！

科学揭秘

科学家认为，天王星之所以有如此奇特的旋转轨道，是因为它曾经和另一个巨大的天体相撞。这次碰撞导致天王星的自转赤道面与公转轨道面的夹角几乎呈直角！

漫长的季节

由于天王星的倾斜角度，在天王星上，太阳直射极地的时间几乎占到一个天王星年的四分之一。于是，没有阳光照射的那半球将进入漫长的冬季，相当于地球上的21年！

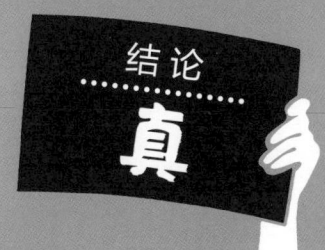

结论

真

85

小行星带比
柯伊伯带大

我们的太阳系里有两个"带"。首先是小行星带——你猜得没错，它是一个行星密布的巨大环形带，距离太阳很近，在火星和木星的轨道之间。除此之外，还有一个更大的带，就是遥远的柯伊伯带，它位于太阳系的外侧。

科学揭秘

柯伊伯带的宽度大约是小行星带的20倍。柯伊伯带所包含的物质也比小行星带丰富得多！其质量可达小行星带的200倍。

众星云集

　　小行星带直径超过1千米的小行星有100万至200万颗。

结论⋯⋯

假

在地球上看不到银河系

是真是假？

我们虽然身处银河系，但并不意味着我们看不到它。不过，我们看到的银河系和它的真实样子确实不同。银河其实是一个旋涡星系，但我们从地球上看到的银河，是一道高悬在夜空中的、由星星和尘埃组成的乳白色光带。

科学揭秘

在晴朗的夜空，地球上任何一个地方都能看到银河。我们处在银河的一条旋臂上，因此我们在天空中看到的是银河旋涡的中心。至于具体看到的是旋涡中心的哪个部分，则取决于我们在地球上所处的位置和季节。

结论

假

宇宙中大部分 ~是~ 暗物质 ~和~ 暗能量

是真是假？

科学家将宇宙中一切我们看不见的神秘物质称为"暗物质"。暗能量是一股未知的神秘力量，可以让宇宙扩张。这些我们无法直接观测到的物质构成了95%的宇宙！

科学揭秘

既然我们看不到它们，我们是怎么知道这些物质的存在的呢？暗物质既不会发光，也不会产生能量，不过它有重力，会影响到其他事物的运转，所以科学家知道它的存在。行星的旋转轨道或恒星的运动都可能被暗物质和暗能量改变。

结论
·········
真

89

词汇表

矮行星：一种围绕太阳旋转的天体，其有一定重力，足以让自身成形，但不足以扫清其旋转轨道上的其他天体。

半球：地球或其他星球的一半，地球被赤道分为南北半球。

波长：指声波或电磁波等波的两个波峰之间的距离。

超新星：指一颗巨星"死亡"（坍缩）时发生的爆炸，这时星星会将其所有的能量释放到太空中。

大气：太空中行星、恒星或大卫星等巨大天体周围包裹的气体。

光度：衡量星星亮度的单位，指星体表面能释放出多少光能。

光年：太空中记录距离的单位，一光年等于光在一年时间里穿过的距离。

（天体运行）轨道：行星或其他天体围绕一个星球、行星或卫星旋转时的曲线旋转路线。

核聚变：两个较轻的核相结合（聚变）而产生一个较重的核，同时释放巨大的能量。

核心：行星或恒星的中心。

黑洞：太空中一片区域，由于引力巨大，任何物质，包括光，都无法从中散发出来。

化合物：由两种或两种以上化学元素组成的物质。

彗星：围绕太阳旋转的一种天体，由冰和尘埃构成。

绝对星等：用来衡量从一定距离来看天体的亮度；与之相区别的是视星等，指夜空中天体的亮度。

柯伊伯带： 太阳系中的一个区域，有许多诸如彗星和小行星等冰物质天体。

矿物质： 自然界中存在的一种固体物质。

美国国家航空航天局： 负责美国太空计划的机构。

逆行： 用来描述同其他事物反方向运行的事物。

石墨： 化学元素碳的一种矿物形式。

食： 当某一天体和其观测者或其光源（比如太阳）之间的光线被另一个恰好从它们之间路过的天体挡住，这时就发生了"食"。

事件视界： 黑洞的表面，任何事物都无法从此处逃出。

太阳风： 指太阳持续不断地释放粒子。

太阳系： 围绕太阳旋转的八大行星及其卫星，还包括许多小型天体，如小行星和彗星。

碳： 非金属化学元素，钻石和煤都是碳的不同形式。

体积： 衡量某物占多少空间的单位。

天文学家： 研究太空和空间物体的科学家。

外逸层： 大气最外侧的一层，这里的空气非常稀薄。

无线电波： 一种用于远距离通信的电磁波。

物质： 物理学概念上的"东西"，用质量（而非能量等）来衡量

小行星带： 太阳系中位于火星和木星运行轨道之间的一片区域，大多数小行星都在这里。

星际空间： 星系中星球之间的空间。

星子： 一种微小的行星体；星子可能聚集起来，形成我们所知的更大的行星。

旋转： 指行星绕轴旋转。

91

银河： 太阳系中的一个星系，从地球上看去，像一条横在天空中的明亮的河，故得名。

银河系： 由数十亿颗星星还有气体和尘埃在重力的作用下聚集到一起形成的天文系统。

元素： 一种存在于自然中的物质，无法再分解为其他物质。

真空： 指一片空无一物的区域，没有大气，没有空气，也没有任何固体或液体。

直角： 90度，圆周角的四分之一。

重力： 存在于两个物体或物体和地球中心之间的一种引力。

自由落体： 物体下落时除了重力作用，不受任何其他阻力。